当诗词遇见科学

陈征 著

8

北京时代华文书局

图书在版编目（CIP）数据

当诗词遇见科学：全20册 / 陈征著 . — 北京：北京时代华文书局，2019.1（2025.3重印）
ISBN 978-7-5699-2880-8

Ⅰ. ①当⋯ Ⅱ. ①陈⋯ Ⅲ. ①自然科学－少儿读物②古典诗歌－中国－少儿读物 Ⅳ. ①N49②I207.22-49

中国版本图书馆CIP数据核字(2018)第285816号

拼音书名 | DANG SHICI YUJIAN KEXUE：QUAN 20 CE

出 版 人 | 陈 涛
选题策划 | 许日春
责任编辑 | 许日春 沙嘉蕊
插　 图 | 杨子艺 王 鸽 杜仁杰
装帧设计 | 九 野 孙丽莉
责任印制 | 訾 敬

出版发行 | 北京时代华文书局 http://www.bjsdsj.com.cn
　　　　　北京市东城区安定门外大街138号皇城国际大厦A座8层
　　　　　邮编：100011 电话：010-64263661 64261528
印　　刷 | 天津裕同印刷有限公司
开　　本 | 787 mm×1092 mm　1/24　印　张 | 1　字　数 | 12.5千字
版　　次 | 2019年8月第1版　　　印　次 | 2025年3月第15次印刷
成品尺寸 | 172 mm×185 mm
定　　价 | 198.00元（全20册）

自 序

　　一天，我坐在客厅的沙发上，望着墙上女儿一岁时的照片，再看看眼前已经快要超过免票高度的她，恍然发现，女儿已经六岁了。看起来她一直在身边长大，可努力搜索记忆，在女儿一生最无忧无虑的这几年里，能够捕捉到的陪她玩耍，给她读书讲故事的场景，却如此稀疏……

　　这些年奔忙于工作，陪孩子的时间真的太少了！

　　今年女儿就要上小学，放眼望去，小学、中学、大学……在永不回头的岁月中，她将渐渐拥有自己的学业、自己的朋友、自己的秘密、自己的忧喜，直到拥有自己的家庭、自己的人生。唯一渐渐少了的，是她还愿意让我陪她玩耍，给她读书、讲故事的时间……

　　不能等到孩子不愿听的时候才想起给她读书！这套书就源自这样的一个念头。

　　也许因为我是科学工作者，科学知识是女儿的最爱，她每多了解一个新的科学知识，我都能感受到她发自内心的喜悦。古诗词则是我的最爱，那种"思飘云物动，律中鬼神惊"的体验让一个学物理的理科男从另一个视角感受到世界的美好。当诗词遇见科学，当我读给孩子，这世界的"真""善"与"美"如此和谐地统一了。

书中的科学知识以一个个有趣的问题提出，目的并不在于告诉孩子答案，而是希望引导孩子留心那些与自然有关的细节，记得观察生活、观察自然；引导孩子保持对世界的好奇心，多问几个为什么。兴趣、观察和描述才是这么大孩子的科学教育应该做的。而同时，对古诗词的赏析，则希望孩子们不要从小在心里筑起"文"与"理"之间的高墙，敞开心扉去拥抱一个包括了科学、文化和艺术的完整的世界。

不得不承认，这套书选择小学语文必背的古诗词，多少还是有些功利心在其中。希望在陪伴孩子的同时，也能为孩子的学业助一把力。

最后，与天下的父母共勉：多陪陪孩子，趁着他们还没长大！

目录

唐 李白

望天门山

天门中断楚江开，碧水东流至此回。

两岸青山相对出，孤帆一片日边来。

1 天门山：在今安徽当涂西南长江两岸，东名博望山，西名梁山。两山隔江对峙，形同天设的门户，天门由此得名。

2 中断：江水从中间隔断两山。

3 楚江：即长江。因古代长江中游地带属楚国，所以叫楚江。

4 至此回：意为东流的长江水在这里回旋转向北流。

站在天门山上我不禁为大自然鬼斧神工的造化叹为观止。看哪！长江犹如巨斧似的将天门山劈为两半，碧绿的江水东流至此回旋澎湃，令人心胸激荡。两岸青山对峙耸立，美景难分高低，远远望去，只见一叶孤舟似从天边而来。

天门山真的是被楚江 "中断" 的吗？

　　世界上的名山大川，其实都是两位杰出的雕塑家合作的作品。

　　一位雕塑家是地球本身。漂浮在柔软地幔之上的地壳板块，像大海上的巨轮一样不停运动，当它们相互碰撞、挤压的时候，一部分板块就会褶皱、隆起，形成山脉的毛坯。然后，另一位雕塑家开始精雕细琢，把地球板块运动造就的毛坯，变成我们实际看到的样子。

挤压　➡️　⬅️　挤压

　　这位鬼斧神工的雕塑家就是——水。看似柔弱的流水，其实是地球上最活跃的地貌形成因素。当高山上的积雪融化，形成的水流快速地从山上流下来，一路不断侵蚀地面，天长日久，高山就被水流雕刻出了一道道沟壑，形成了河谷。天门山就是这样被长江的滔滔江水靠着天长日久的工夫，一点点"断"开的。

青山为什么会动起来呢？

就像坐车时看到路边的树在向后飞驰一样，青山本身并没有动，而是看山的人在随着船前行。

不过在物理学家看来，其实山动还是人动都没错，因为运动是相对的。世界上没有任何绝对不动的、静止的东西，宇宙里的一切东西都在运动。我们通常说的动还是不动，都是相对于一个参照的东西说的。比如我们觉得树没动，山没动，而坐在车上或者船上的我们在动，这个感觉其实就是拿地球作参照的结果。

像地球这样被我们拿来作参照的东西，物理学家叫它们参照物。如果车辆或者船只平稳匀速地前行，那么我们把所乘坐的车或者船选为参照物，于是坐在上面的我们就没有动，而路旁的树木，或两岸的青山都是运动的，这也没有什么错。

唐 高适

别董大
bié dǒng dà

千里黄云白日曛，北风吹雁雪纷纷。
qiān lǐ huáng yún bái rì xūn，běi fēng chuī yàn xuě fēn fēn

莫愁前路无知己，天下谁人不识君？
mò chóu qián lù wú zhī jǐ，tiān xià shuí rén bù shí jūn

1 董大：指董庭兰，是当时有名的音乐家，在其兄弟中排名第一，故称"董大"。

2 黄云：天上的乌云。乌云在阳光照射下呈暗黄色。

3 白日曛：太阳暗淡无光。曛，即曛黄，指夕阳西沉时的黄昏景色。

4 谁人：哪个人。

5 君：你，诗中指董大。

不想久别重逢、短暂相聚后，我与董大又要各奔他乡。傍晚时分，乌云蔽日，风雪交加，天色愈发昏暗。大雪纷飞，模糊了视线。北风越刮越大，使劲吹着南飞的大雁。此情此景，令我百感交集。虽说我俩都困顿不达，但我仍对董大说，不要担心前路迷茫没有知己，普天之下，哪个人不认识你？

"黄云"是怎么回事？

我们平时常见的云是白色的，赶上日出或是日落时也会有红彤彤的火烧云，可是黄色的云是怎么来的呢？

这其实是一场沙尘暴。

沙尘暴可不是现代才有，中国记载的沙尘暴最早发生在公元前32年，被记录在汉代历史学家班固的《汉书》里。作者高适与董大分别的地方在唐代的首都长安，也就是今天陕西的西安地区。这里在生态环境特别脆弱、水土流失特别严重的黄土高原脚下，自古就是经常出现沙尘天气的地方。从西北刮来的沙尘遮天蔽日，形成一片黄云，把太阳也变得苍白模糊，于是形成了"千里黄云白日曛"的景象。

　　我们当然不喜欢沙尘暴天气，不过沙尘暴也不是一无是处。正是因为沙尘暴把北方的沙土吹来，才有了今天的黄土高原，黄土又随着黄河顺流而下，沉积出了广阔的华北平原，这才有了今天的首都——北京。

大雁为什么往南飞？

　　大雁是一种候鸟，它们的家在比中国最北的漠河还要靠北的西伯利亚地区，这个地区冬天实在是太冷了，所以大雁们快到冬天的时候就会成群结队地飞向我国南方去过冬。等到第二年春暖花开的时候再飞回西伯利亚去生宝宝，繁衍后代。

来回几千千米的长途飞行对大雁来说是段非常辛苦的旅程，神奇的大自然让大雁们采用了团队协作的办法。它们在飞行时排成人字形或者一字形，由最强壮的大雁们轮流飞在最前面，它们扇动翅膀带起的气流，让后边跟随的大雁能够飞得比较轻松。在飞行的过程中，它们还不断"嘎嘎"地叫着，相互呼唤、提醒着同伴。路上休息的时候，队伍中会有"哨兵"来警戒，照顾整个雁群的安全。

唐 杜甫

绝句 jué jù

liǎng gè huáng lí míng cuì liǔ　　yì háng bái lù shàng qīng tiān
两个黄鹂鸣翠柳，一行白鹭上青天。

chuāng hán xī lǐng qiān qiū xuě　　mén bó dōng wú wàn lǐ chuán
窗含西岭千秋雪，门泊东吴万里船。

18

释词

1 黄鹂：又叫黄莺、黄鸟，鸣叫声清脆动听。

2 白鹭：水鸟名，又叫鹭鸶，羽毛洁白，颈长腿短，喜欢捕食鱼虾。

3 西岭：成都西面的岷山。

4 东吴：三国时期孙权在长江中下游地区建立的吴政权，史称"东吴"，泛指现在的江苏、浙江一带。

译文

大乱已平，世道又恢复太平，我开心极了。春天来了，草堂周围呈现出一派春意盎然的景象。两只黄鹂鸟似乎也被春天的美景感染，在翠绿的柳树间欢快地鸣唱，一行整齐的白鹭直飞向蔚蓝的天空。坐在窗前，我可以望见西岭山上终年不化的积雪，也可以看见门前停泊着万里之外东吴远行而来的商船。如今，船通航了，战争胜利了，国家的春天也来了。

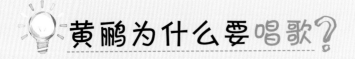

黄鹂为什么要唱歌？

　　黄鹂被称为大自然的歌唱家，它的叫声婉转嘹亮，加上一身鲜亮的黄色羽毛特别引人注目。所以常常在古诗中看到它的身影。

　　黄鹂是一种鸣禽，也就是喜欢"唱歌"的鸟。平时我们听到"放声歌唱"的通常都是雄黄鹂，它"唱歌"的功能很多，有时是和其他同类说话的语言，告诉同伴自己在哪儿，有时是警告敌人不要靠近，等等。更重要的一个功能，是雄黄鹂要通过嘹亮的歌声来吸引雌黄鹂，和它一起组成家庭来繁育后代。

　　黄鹂不但会唱歌，还是编织高手。雄性和雌性黄鹂组成家庭后，会一起去捡拾树皮、草叶之类的东西，用它们在树杈上编织出一个精美的吊篮似的小窝，在里面下蛋、孵蛋、养育黄鹂宝宝，直到小黄鹂能自己独立生活。

高山顶的雪为什么千年不化？

地球表面的能量主要来自太阳发出的光。在海拔一万米以下的大气对流层，越靠近地面，空气的密度越大，包含的灰尘、水汽等越多，吸收太阳光的能力也就越强；地面大量吸收阳光热量，再传递给附近空气，所以空气的温度从地面向高处逐渐降低。海拔每升高 100 米，气温会下降 0.6℃左右，所以对于比较高的山，山顶会比山脚下冷不少。

冬天下雪时，我们在平地上堆个雪人，常常几天就融化了。如果把这个雪人堆在很高很高的山顶，那它不但不会几天就融化，反而可能好几年都还在呢。

科学思维训练小课堂

① 看一看，坐在行驶着的交通工具上时，什么东西动了，什么东西没有动？

② 找一找，除黄鹂鸟外，还有哪些鸟会唱歌？它们的歌声有什么不同吗？

③ 画一个小雪人。

扫描二维码回复"诗词科学"
即可收听本书音频